牛常见寄生虫病
诊断和控制

孙 艳 主 编

中国农业出版社
北 京

BENSHU BIANXIE RENYUAN 本书编写人员

主　编：孙　艳
编　者：孙　艳　　王正荣　　张艳艳　　薄新文

FOREWORD 前 言

随着社会经济的迅速发展和人民生活水平的显著提高，养牛已成为南疆地区经济发展和农牧民致富奔小康的支柱产业。现今，南疆的养殖户数量极为庞大，养牛的数量也与日俱增。但是，在养牛的过程中可能出现各种疾病，其中的寄生虫病就是一类常见且危害较大的疾病。该病不仅影响牛肉的品质，还会对牛的生长也造成阻滞，从而给养殖户的经济效益带来极大的影响。

新疆牧区养牛主要采取放牧养殖的方式，牛寄生虫病在新疆地区发生非常普遍，成年放牧牛寄生虫感染率几乎达到100％。牛寄生虫病是由寄生在牛体内外的吸虫、绦虫、线虫、原虫、蜱螨、昆虫引起的一种慢性、消耗性疫病。寄生虫可寄生在牛的各个组织器官中，包括肝脏、肺脏、脾脏、脑、消化道、肌肉、血管、体腔、体表，不断地夺取营养、机械损伤器官、释放毒素、传播疫病等，造成牛体消瘦、生长缓慢、腹泻、被毛蓬松、流产、生产性能下降，感染严重的牛甚至会出现死亡。部分牧民对牛寄生虫病的防控意识较为薄弱，低估了该病的危害程度，或对寄生虫病的发生、流行、病原特点及科学防治方法了解不多，因此防治效果并不理想。可见科学认识牛寄生虫病的流行情况、牛发病后的临床症状以及针对性的防治措施，从而减少由寄生虫感染造成的经济损失，确保养牛的经济效益至关重要。

本书详细阐述了牛常见寄生虫病的发病原因、特点以及诊治方法，并对其流行情况、临床症状和防治措施也进行了讨论，以期为牛场养殖工作人员在寄生虫病的防控工作上提供参考。值得注意的是，羊与牛同属反刍动物，亲缘关系较为接近，二者在寄生虫病的病原、症状及诊治方面都有一定的相似之处。因此，本书也可为羊场兽医技术人员提供一定的参考。

本书得到新疆生产建设兵团科技项目"新疆优势蜱叮咬信息素物质与宿主互作研究"（项目编号：2023CB007-13）、兵团科普项目"《牛羊常见寄生虫病诊断与防治》图册普及与推广"（项目编号：2023CD004-01-1）及兵团科技项目"包虫在终末宿主肠道定植关键分子的确定及初步应用"（项目编号：2021BC008），国家自然科学基金项目"基于酿酒酵母表面展示技术构建细粒棘球绦虫终末宿主口服疫苗株及其免疫效果研究"（项目编号：32360887）的支持。感谢我国著名兽医病理学专家潘耀谦教授无私地分享了部分照片，这对本书起到了重要的辅助作用。

由于编写仓促，作者水平有限，书中遗漏之处在所难免，恳请广大读者和同行批评指正。

编　者

2023 年 12 月

CONTENTS 目 录

前言

第一章　牛寄生虫与寄生虫病的流行

第二章　牛寄生虫病诊断和控制

第五章　综合防治

第六章　标准化诊断与防治技术

附录　寄生虫病诊断控制相关专利

第一章
牛寄生虫与寄生虫病的流行

第一节 牛寄生虫病

在自然界中，如若两种生物共生，其中一方寄居于另一方的体内或体表，从而摄取营养以维持生命，这种现象叫做寄生；获得营养的一方叫寄生物，动物性寄生物叫寄生虫，被寄生的生物叫宿主。各种寄生虫暂时或永久地寄生于牛体内或体表引起的疾病，称为牛寄生虫病。

牛寄生虫病的发生必须有一定致病作用和数量的寄生虫，有一定感受性和机能状态的牛作宿主，有必要的中间宿主或传播者，有适当的外界环境条件等。牛寄生虫病的流行直接受自然气候、地理环境等多种因素的制约，呈现明显的季节性，如多种寄生虫病夏季感染，到了冬春发病。

牛寄生虫病的流行，不同于普通病的个别散发和传染病的急性暴发，多呈慢性经过。寄生虫侵入牛机体后需要经过一个生长发育过程；牛开始感染的病理表现并不明显，随着时间的推移，寄生虫数量不断增加、发育和成熟，牛才慢慢表现出临床症状。在一个牛寄生虫病的流行地区，有些牛由于感染寄生虫的数量少，机体较健壮，一时不表现临床症状，而形成长期带虫现象，实际上已经是慢性传染源，不断向外界散播虫卵或病原，往往不被人们注意，一旦被检查出来多是晚期，治疗已不易收到应有的效果。为了使牛免遭寄生虫病的危害，在防治工作中应认真贯彻"预防为主"的方针，早期发现、及时治疗、综合防治（图1）。

第二节　寄生虫感染的途径

经口感染：大多数情况下，牛是通过吞食被寄生虫虫卵或幼虫污染的饲草、饲料和饮水而引起感染的。如牛消化道、呼吸道的寄生虫多是通过这种途径引起感染的。

经皮肤感染：一是寄生虫主动直接钻入宿主皮肤进入体内，如仰口线虫、血吸虫、牛皮蝇蛆等；二是寄生虫通过昆虫的机械性传播，如锥虫是由虻类通过叮咬，将病牛体内的虫体注入健康牛体，然后发生感染；三是通过蜘蛛、昆虫的生物性传播，如蜱传梨形虫必须在蜱体内经过一定的发育繁殖才能感染牛；四是通过患病牛与健康牛互相接触感染，如疥癣虫。

经胎盘感染：患寄生虫病的妊娠母牛可由胎盘将虫体传染给胎儿，如蛔虫、血吸虫、梨形虫等。

经黏膜感染：如牛毛滴虫是通过公、母牛生殖道黏膜接触感染的。

第三节　寄生虫对宿主的危害

吸血和夺取营养：据报道，寄生在牛皱胃中的捻转血矛线虫每条每天可吸血0.2毫升，如果寄生50条，牛每天失血10毫升；硬蜱和软蜱也是每天吸血，1只雌蜱吸饱血后，其重量达0.8克，而有的牛体可寄生上百只蜱虫。寄生虫都是依赖夺取宿主的营养来维持生活的，寄生数量越多，宿主被夺取的营养越多。如仰口线虫在牛肠道内吸取大量血液，可引起牛贫血、牛犊发育停滞。

　　毒素作用：寄生虫的分泌物、排泄物及死后虫体崩解物，对牛有较大的毒性作用。它比夺取营养对牛的危害更严重。如蛔虫、血吸虫的分泌物被吸收后不但影响造血系统的功能，而且对红细胞、微血管内皮细胞有溶解作用，使牛发生溶血性贫血和微血管出血。蜱虫在吸血的同时也会释放毒素，导致牛出现蜱瘫痪。

　　机械作用：寄生虫经过重复感染，数量不断增加；幼虫逐渐成熟、体积增大，对寄生部位及邻近组织器官可产生机械性的压迫。

　　刺激作用：寄生虫在牛体内移行，或对寄生部位的固着等，都对宿主的组织器官产生长期的刺激作用，导致炎症反应。如片形吸虫寄生于胆管中，引起慢性增生性胆管炎及肝硬化。

　　传播疫病：寄生虫在宿主体内的活动使局部组织器官发生损伤，常继发细菌感染。如肺线虫幼虫在肺内移行时造成肺组织损伤，引起细菌感染发生肺炎。硬蜱、虻、蝇等寄生虫除了对牛产生直接危害外，还可携带和传播10多种重要的动物疫病，如病毒病、立克次氏体病、细菌病、螺旋体病、原虫病等。

第四节　寄生虫感染牛的必要条件

　　外界环境：寄生虫的存在、生长发育、繁殖均需要一定的外界环境条件，并对这些环境有一定的选择性、依赖性和适应性。改变外界环境条件是防治牛寄生虫病的一个重要方面。

　　合适的宿主：寄生虫必须有其适宜的宿主，甚至是特异性的宿主。这是寄生的前提。

　　虫体必须发育至高感染性的阶段，才具有感染宿主的能力。

　　寄生虫必须有与宿主接触的机会。

　　寄生虫必须有适宜的感染途径。

　　寄生虫进入宿主后，往往经过一定的移行，才能最终到达其寄生的部位。

CHAPTER 2 第二章
牛寄生虫病诊断和控制

第一节 诊断

寄生虫进入牛体内会大量繁殖，并引发临床反应。比如牛体出现水肿、黄疸、消化不良及进食减少，如得不到及时治疗，会导致营养不良，直接影响牛的生长，使体重下降，甚至威胁牛的生命。

一、临床诊断法

不同的临床特点为诊断提供了重要依据。牛寄生虫种类复杂多样，兽医在具体诊断的过程中，要对不同寄生虫病的具体症状有明确的掌握和了解。比如，当感染阔盘吸虫后，病牛会出现日渐消瘦的现象，同时还会出现贫血以及消化道方面的症状，排出的粪便中往往带有黏液，当症状严重的时候会导致病牛死亡；当感染片形吸虫后，病牛腹部、下颌等位置会明显看到水肿情况，血中的红细胞含量直线下降。当感染双腔吸虫后，病牛的肝部会慢慢变大；当病情严重的时候，身体越来越瘦，下颌等部位的水肿现象越发明显，胆管壁也会发生变厚的情况。

某些体况特征发生变化，也可能是患病的征兆。食欲是牛健康最可靠的指证之一。一般情况下，只要患病，首先就会影响牛的食欲，每天早上给料时注意看一下饲槽是否有剩料，对于早期发现疾病是十分重要的。另外，反刍的状态也能很好地反映牛的健康状况。健康牛每日反刍8小时左右，特别晚间反刍较多。一般情况下病牛只要开始反刍，就说明疾病有所好转。成牛的正常体温为38～39.5℃，犊牛为38.5～39.8℃。当牛患胃肠炎及肺炎等疾病时，体温多数达40℃以上。呼出的气体有臭味也是牛患病的一个特征。其他常见体况指标包括：成牛每分钟呼吸10～30次，犊牛40～60次。一般成牛脉搏数为每分钟40～80次，犊牛为80～100次。正常牛每日排粪10～15次，排尿8～10次。健康牛的粪便有适当硬度，但育肥牛粪便稍软，排泄次数一般也稍多，尿一般透明，略带黄色。

二、试验观察诊断法

大多数的寄生虫用肉眼就能看到，养殖人员在日常生活中要注意收集这些寄生虫，并且将其浸泡在75%的酒精中，第一时间和相关部门联系，把这些寄生虫送到专业的实验室进行检查，同时按照相关的临床症状来判断属于哪一类，为后期治疗制定方案提供参考的依据。

三、饲养环境诊断法

深入分析牛圈周边的环境，做好全面的调查。发现牛患病，诊断时应同时考虑牛的生活环境，这样可节省诊断时间，缩小诊断范围。根据寄生虫的特点和传播方式，直接找寄生虫的来源。在此基础上，观察牛生长环境的通风采光、温度、湿度、土壤和水源条件等，都能够为诊断提供相应的帮助。

第二节 防控措施

一、提高牧民对寄生虫病的防控意识

由于牧民较少经过系统性的畜牧兽医专业培训，所掌握的养殖技术大部分是从家中长辈处学习而来，难免会出现对牛寄生虫病的错误判断和理解，甚至不重视牛寄生虫病的防治。因此，相关畜牧兽医管理部门应定期组织牧民开展牛寄生虫病方面的培训和宣传工作，对新疆牧区常见牛寄生虫病的发病原因、临床症状、防治方法等进行科学的讲解，也可采取微信、短视频等新型媒体途径宣传相关内容，让牧民了解本地区牛寄生虫病的流行状况和危害，提高牧民对牛寄生虫病的防控意识，提高牧民的畜牧兽医专业知识和技术水平。

二、做好定期驱虫工作

在牧区，定期驱虫是降低牛寄生虫病发病率最有效的方式之一。当前主要使用驱虫药物进行预防工作。在开展驱虫工作前，应了解当地流行的寄生虫种类，以有针对性地选择驱虫药物。如若流行捻转血矛线虫，可使用左旋咪唑、丙硫苯咪唑等驱线虫药物；若流行莫尼茨绦虫则可以使用吡喹酮、氯硝柳胺等驱绦虫药物；若流行东毕血吸虫病、阔盘吸虫病则可以使用溴酚磷、三氯苯唑等驱吸虫药物。针对性地选择驱虫药物可降低驱虫成本，同时也可提高驱虫效果。此外，驱虫工作中还应注意药物的推荐使用浓度、使用方式等，以确保正确使用驱虫药物，若使用不当则可能会导致牛出现中毒或过敏等。

三、加强牛群寄生虫病的监测

每天应观察牛群的状态，尤其是体形消瘦、行动异常以及出现典型临床症状的牛，应及时隔离并查明原因。若为寄生虫感染引起的上述问题，应及时隔离诊断治疗，降低寄生虫病造成的影响，减少经济损失。同时，同群牛应进行预防性驱虫，防止牛群中其他牛出现临床症状。

四、做好放牧饲养工作

应对牧区草地做好视察和监测工作，不在可能存在寄生虫的疫区和疫水附近开展放牧，保证牧草和饮水安全。放牧时，应减少牛群接触野生动物的概率，同时尽量不要与其他动物混养，以防寄生虫病的发生。

CHAPTER 3 第三章
新疆牧区常见的牛体内寄生虫病

与其他地区相比，新疆牧区牛养殖主要采取放牧的方式，在草场中可能存在多种野生动物、昆虫和寄生虫等，牛在放牧过程中与寄生虫虫卵、感染性幼虫接触概率增加，因而牛寄生虫病的发病率相对于其他地区更高。体内寄生虫吸食牛体营养物质，释放代谢产物、毒素，导致牛抵抗力下降，诱发其他疾病，严重影响养牛的经济效益。

第一节 梨形虫病

一、发病原因

牛梨形虫病的病原为巴贝斯虫及泰勒虫等，主要是由蜱虫传播。病原寄生于蜱虫体内，牛被蜱虫叮咬后，病原进入牛体并寄生在红细胞内大量繁殖；病牛血液被蜱虫吸食时，病原就会随之再次进入蜱虫体内，从而形成循环。

二、流行特点

牛在感染梨形虫病后，通常会在 14 天内发病，具体表现为饮食减少、呼吸急促、体温上升、尿液发红以及粪便稀薄等。如果牛感染的是泰勒虫，其发病时间则相对较长，通常会在 14～21 天发病。牛发病后体温迅速升高，可达 42℃，其食欲下降以及精神萎靡等症状也会更为严重。观察牛的排泄物，可以发现血丝（图 2～图 5）。

三、诊治方法

每年的 6—9 月是蜱虫活动最为频繁的时间，需要在这个时间段内加强对蜱虫的灭杀工作。首先，需要加强对牛舍的清洁，将杂草以及杂物等清理干净，及时清理粪便。在牛舍墙角以及地面喷洒灭蜱剂，并可以采用密闭式消毒。其次，一旦发现有牛被蜱虫寄生，就需要暂停放牧，并使用三氮脒进行治疗，可以将其稀释为 5% 浓度的药液，采用肌内注射的方式给药治疗。

第二节 片形吸虫病

一、发病原因

吸虫一般呈扁平状、舌状（分体科吸虫呈线状），体表有口、腹吸盘，有棘或光滑，大小变化较大，从几毫米到几十毫米。体内主要有发达的消化系统和生殖系统，除分体科外，均是雌雄同体。

吸虫的发育史比较复杂，均需要一或两个中间宿主参与。第一中间宿主均为淡水螺或陆地螺，第二中间宿主多为鱼、蛙、螺或昆虫等，其发育过程历经卵、毛蚴、胞蚴、雷蚴、尾蚴、囊蚴等 6 期，依吸虫的种类不同而有一定的差异。具有感染性的阶段是尾蚴和囊蚴。感染途径一般是经口或皮肤，有些也可经胎盘感染。

片形吸虫病通常是牛在饮水过程中感染。片形吸虫的幼虫主要分布在草场与水源附近，养殖牛饮水、采食过程就会受到吸虫感染。通常幼虫会存活在牛的十二指肠处，经一段时间发育后，会向牛体内其他器官移动。片形吸虫主要分布于牛体内的肝、胆囊等位置。存活在肠道中的吸虫成熟后会随粪便排出，并在自然环境中大量繁殖，养殖户若不加以清理，极易造成大规模疾病出现。这种疾病每年各个时间段都会出现，高发于9月中旬。养殖牛患病后会出现腹泻、精神萎靡，症状持续时间长；若是症状发病急，7天左右便会死亡，慢性症状若是不经过针对性治理，也会出现死亡情况。

二、流行特点

牛片形吸虫病的发生呈地方性流行，主要发生在多雨的年份，常见于低洼和沼泽地区的放牧牛以及饲喂疫区牧草的牛。牛片形吸虫病的流行感染季节大多是适合于片形吸虫生长发育的夏天和秋天。临床症状主要是黏膜发白、贫血、营养不良、精神不振、食欲减少、腹泻，到后期出现胸下水肿以及颌下水肿等典型症状。对片形吸虫病的诊断主要根据发病季节、前一年的放牧地以及草原是否有大量积水、本地是否流行过片形吸虫病、临床症状、粪便虫卵检查以及死亡牛的胆管中是否有片形吸虫存在等进行判断（图6～图9）。

三、诊治方法

该病要使用综合性的防治手段，才能够达到预期的效果。一方面，需要做好定期的驱虫工作，和当地的实际情况相结合，明确驱虫的时间和频率，正常情况下选择春季或者秋季，保证驱虫有效；另一方面做好治疗，通过临床症状等对病情进行确诊，然后根据病牛的发病情况使用合理的手段驱虫，对症下药。在治疗时可以使用三氯苯唑、阿苯达唑等药物。养殖户在日常的饲喂过程要定期开展牛的体内驱虫工作，特别在换季时，牛群抵抗力低，养殖户可以使用三氯苯唑进行牛群的驱虫工作。同时，对养殖牛排泄物进行科学处理，防止寄生虫大量繁殖，水源与草料应严格管理，阻断寄生虫感染牛群的途径。若是出现症状并确诊，养殖户可以使用适量硝氯酚进行寄生虫灭杀，或让牛口服溴酚磷药粉，对片形吸虫病可以做到高效治疗。

第三节 消化道蠕虫病

消化道蠕虫，一般是指吸虫、线虫、绦虫等寄生虫，牛在日常养殖中很容易受到此类寄生虫的侵害，甚至会在同一时间受到多种此类寄生虫的侵害。一旦感染，病牛通常会排泄出不同数量的成虫或虫卵，在影响自身健康的同时也影响同圈其他牛的健康，发展到最后容易导致循环感染问题，极其不利于牛群的正常养殖。

一、绦虫病

（一）发病原因

牛绦虫病是指由寄生于牛体内的绦虫引起疾病的总称。绦虫的成虫呈带状、扁平，虫体大小自数毫米到 10 米以上。外观可分为头、颈和链体。牛绦虫病病原的头节上均具有 4 个吸盘，虫体以此吸附于宿主体内。链体分节明显，从前到后依次是未成熟节片、成熟节片和孕卵节片。绦虫体内有发达的生殖系统，且均为雌雄同体，成熟节片内具有一套或两套生殖器官。孕卵节片内除子宫外的其他生殖器官均退化和消失。绦虫没有消化系统，靠体壁的渗透作用吸收营养。

绦虫的发育历经卵、中绦期和成虫 3 个阶段，卵一般形态不规则，但共同的特征是中间含有一个六钩蚴。中绦期主要在中间宿主体内，对牛造成的危害很大。牛绦虫病主要是因经口吞食感染性虫卵或发育成熟的似囊尾蚴而感染（图 10～图 11）。

（二）临床症状

这一疾病显露出不同程度的地域性特征，是牛很容易患上的寄生虫病之一，尤其对牛犊影响最为明显。牛犊在成长发育阶段若是出现食欲减退、状态萎靡、生长速度慢于正常水平等症状，便要考虑是否染上了绦虫病。症状加重时在其排泄物中还可看到不同数量的绦虫，有些病牛发病时会出现原地转圈的举动。

牛绦虫的高发季节在夏季和秋季，危害最严重的是莫尼茨牛绦虫，寄生于牛的小肠处，感染症状是腹泻、精神萎靡、消瘦病弱等，牛犊感染后的明显特征是生长发育缓慢。这种寄生虫对于牛犊的危害较大、致死率较高。

（三）诊治方法

对于健康的牛可以通过投喂驱虫的药物来进行预防。对于已经出现症状的牛可以收集粪便进行发酵处理，持续 2~3 个月，可以有效控制牛绦虫的传播。用氯硝柳胺和左旋咪唑混合内服，连续用几周，能够起到很好的控制作用。

二、蛔虫病

（一）发病原因

牛蛔虫病是由牛新蛔虫等引起的一种肠道线虫病，对养殖牛造成的危害与牛年龄、身体强度有直接关联，不同年龄的患病牛在发病症状方面存在一定差异性。该病对于刚出生小牛影响最为严重，小牛患病前期，体温会迅速上升，最高可能会达到 40℃ 左右，犊牛体重不断降低，生长速度缓慢。如果寄生蛔虫为成年状态，危害性不大，只会对小牛生长速度产生影响，但如果寄生蛔虫数量过多，可能导致肠胃发生破裂，出现死亡情况。此外，蛔虫寄生在牛身上会出现腹泻病症，导致牛食欲消退，卧地不起，这对母牛生产威胁性较高。在对死亡患病牛解剖后发现，寄生虫在小肠位置出现，以此可以做出诊断。

（二）临床症状

犊牛出生两周后为受害最严重的时期。犊牛被毛粗乱，眼结膜苍白；食欲缺乏，腹部膨胀，排灰白色稀粪，有时混有血，有特殊臭气；消瘦，臀部肌肉松弛，后肢无力，站立不稳。如虫体过多形成肠梗阻，则有疝痛症状或肠穿孔。如犊牛出生后感染，幼虫移行至肺部、支气管时，则引起咳嗽。如幼虫在肺部成长，犊牛会因肺炎而呼吸困难，口腔有特殊臭气（图 12~图 15）。

（三）诊治方法

养殖户一旦在牛群中发现这种病症，应积极采取有效的治疗措施。常用的治疗本病的药物及其用法有：左旋咪唑，每千克体重8毫克，混入饲料或饮水中一次口服；阿苯达唑，每千克体重10毫克，混入饲料或配成混悬液，一次口服；哌嗪，每千克体重200～250毫克，一次口服。养殖户每年在蛔虫高发的春、秋两个季节应对牛群开展全面驱虫工作，降低蛔虫感染概率。同时，对牛群的饲养过程进行严格管理，在日常饲养过程中，添加黄氏多糖、维生素等，以此增强牛对寄生虫的免疫力。另外，还要保证牛群饮用水源干净无污染，饲料不存在腐败、变质问题，定期开展养牛场的消毒与卫生清理。对于受到蛔虫侵害死亡的牛只，应进行无害化处理，防止造成环境污染。

三、消化道线虫病

（一）发病原因

能够在牛消化道中寄生的圆线虫主要为捻转血矛线虫、仰口线虫以及夏伯特线虫等。牛消化道圆线虫病主要由捻转血矛线虫引发，该寄生虫呈淡红色，虫体细长，主要寄生在牛的消化道。病牛呈顽固性下痢，下颌水肿，肌体快速消瘦。在严重感染的情况下，可出现不同程度的贫血、消瘦、胃肠炎、下痢、下颌间隙及颈胸部水肿。犊牛发育受阻，血液检查出红细胞减少，血红蛋白降低，淋巴细胞和嗜酸性粒细胞增加。少数病牛体温升高，呼吸、脉搏增数，心音减弱，最后导致患病牛衰弱而死亡。剖检病死牛可见胃部有红色虫体与明显褶皱，胸腔及心包有积水，皱胃黏膜水肿，有小创伤和溃疡，大量虫体绞结成一黏液状团块。幼虫在肠壁上形成结节，小肠黏膜卡他性炎症。牛在感染该寄生虫后，雌虫会在牛的皱胃内产卵，而卵在随粪便排出体外后，幼虫将会潜藏于牧草之上，一旦被牛采食，将会在其瘤胃内脱鞘，并进入牛的皱胃内，并通过吸食血液变为成虫。

（二）流行特点

该病的发病时间与当地的气候环境有关，通常春、秋季节是该病的高发期。由于其传播方式的特殊性，在放牧状态下的牛更加容易感染。所以，在适宜放牧的季节容易出现该病。犊牛比成年牛更易感，该病的扩散速度很快，严重时会造成大量的牛死亡，给养殖户造成严重损失（图16～图19）。

（三）诊治方法

由于该病主要是在春、秋季节发病，所以就需要在这两个季节里对牛进行驱虫治疗。特别需要在放牧前、后，分别进行一次驱虫。可皮下注射伊维菌素每千克体重0.2毫克，这样就能够很好避免牛发病。同时，对牛的粪便需要进行无害化处理，可以通过堆积发酵的方式，有效杀死其中潜藏的幼虫。放牧不可以在低洼处进行，还要保证牛的饮水安全。切忌在雨后、傍晚以及清晨等进行放牧，因为这些正是寄生虫活跃的时间段。

治疗可采取中西医结合方法，常用驱虫药有左旋咪唑、阿苯达唑、驱虫净，严重的病牛可搭配抗贫血药物、补液、强心药物使用，如葡萄糖、维生素C、安钠咖等，配合香附、陈皮、茯苓、当归等和胃、健脾、疏肝的中药进行治疗。

第四节　球虫病

一、发病原因

牛球虫病的病原为艾美耳球虫科球虫属的牛艾美耳球虫、奥博艾美耳球虫和邱氏艾美耳球虫等。牛球虫病一年四季可见，但温度较高的春、夏、秋三季多发，在低洼地区放牧的牛群更为常见。患病牛或带虫牛是牛球虫病的传染源，其粪便中可带有大量球虫卵囊，污染牧草、饮水等；牛放牧过程中可能摄入球虫卵囊，进入牛体内后，球虫寄生于牛大肠和小肠的肠上皮细胞，损伤肠细胞、破坏肠黏膜，最终导致牛肠道溃疡和出血。感染球虫后，出现症状的主要为犊牛，成年牛对球虫耐受能力较强。犊牛临床症状为被毛杂乱、食欲减退、下痢、排血便，粪便呈红色，后期为黑色，有恶臭；患病严重的牛因衰弱和贫血死亡。

牛球虫寄生于肠道会引发急性肠炎，发病前有 2～3 周的潜伏期，整个发病的过程为 10～15d，发病时由于肠黏膜遭到破坏可能继发细菌感染，临床表现为血便、腹痛等。如果不加以控制，发病时间超过一周，会伴随出现其他并发症，导致病牛在短期内死亡（其中两岁以下的犊牛致死率较高）。

二、诊治方法

对于感染牛球虫病的牛可以选用药物敌菌灵，再根据发病牛的年龄、具体发病情况以及病情的程度来确定用药量。如果连续注射 3 次都没有效果，则建议注射维生素来防治肠道的再次出血。

第四章

CHAPTER 4

新疆牧区常见的牛体外寄生虫病

牛体外寄生虫病是一类由蜱、螨和昆虫类的体外寄生虫寄生于牛的体表、皮肤真皮层等部位，摄取营养、分泌毒素或传播其他病原等，进而导致牛发病甚至死亡的疾病，给养牛业造成严重的影响。牛舍的卫生清洁不到位、没有定期对牛舍进行消毒、污染的食物和水源、处于寄生虫病高发季节（如夏季等高温天气）、对于病牛的处理不得当及健康防疫不到位等几个方面，是牛感染体外寄生虫病的主要原因。

第一节　蜱虫

一、病原

蜱虫又名扁虱子，俗称草爬子、草瘪子等，属于蜱螨亚纲寄螨目蜱螨属蜱总科，较为常见的蜱虫又分为软蜱和硬蜱两类。蜱虫主要靠吸食宿主的血液生存，从而导致宿主出现营养不良、皮肤炎等，有时还可导致宿主运动功能麻痹性瘫痪，并可传播多种病原，其中许多病原还可引起人畜共患疾病，如Q热、莱姆病、森林脑炎等，对人与畜禽养殖危害极大。本病的病原是硬蜱科的 6 个属，即硬蜱属、璃眼蜱属、革蜱属、肩头蜱属和牛蜱属。其共同形态特征是：虫体呈长椭圆形，背面稍隆起，腹面扁平；无头、胸、腹之分，三者合为一体。虫体腹面有 4 对脚，前端有 1 假头。虫体为雌雄异体，未吸血的雌蜱和雄蜱如芝麻粒大小，而吸饱血后雌蜱大如黄豆，甚至达到指甲盖大小，呈暗红色或红褐色，雄蜱吸血后大小变化不大。硬蜱的发育要经过卵→幼虫→稚虫→成虫 4 个阶段。绝大多数的硬蜱生活在野外，但也有少数寄居在畜舍周围。蜱在牛体的寄生部位多为被毛短少处，尤其是耳壳内外侧、口周围和头面部，直至吸饱血后落地蜕化或产卵。硬蜱侵袭牛体后，由于吸血，可损伤其皮肤，造成出血，组织水肿，皮肤肥厚，有的可继发感染引起化脓等。犊牛被侵袭后，由于大量失血而患贫血，有时还可能出现神经症状及麻痹。此外，蜱还可传播炭疽、布鲁氏菌病、立克次氏体病、梨形虫病等。

二、临床症状

蜱虫主要寄生于牛的体表，通过叮刺牛皮吸血，因此可造成被叮咬的部位发生痛痒、水肿、出血，此外寄生部位还可出现胶原纤维溶解和中性粒细胞浸润，从而导致叮咬部位出现急性炎症。蜱虫的分泌物中含有毒素，可导致被寄生的牛出现厌食、代谢障碍，部分牛可出现肌肉麻痹导致运动障碍，也被称为"蜱瘫痪"。蜱虫还可传播多种病原，对人类和其他动物的健康造成严重的危害（图 20～图 23）。

三、防治措施

蜱虫病是一种可以通过预防得到较好防控效果的疾病，因此在牛养殖中应加强对蜱虫病的预防。首先，应了解当地蜱虫病的主要流行情况，在蜱虫活跃期前使用药物进行驱虫，在活跃期每天观察牛体表情况，可每天给牛梳理。当发现牛体表有蜱虫寄生时，可用梳子或镊子等工具将蜱虫摘下，摘取时应垂直拔除，避免蜱虫的假头断裂造成牛皮肤炎症的发生。摘取后应将蜱虫集中杀灭处理。同时，还应预防寄生部位出现继发感染，可使用抗生素药物粉末或水剂涂抹于患病部位。此外，也可用药物进行驱虫，常用的药物有乙酰氨基阿维菌素和伊维菌素等，可口服、皮下注射或体外使用，但应注意休药期要求，在泌乳期禁止使用。此外，拟除虫菊酯类、有机磷类和脒基类杀虫剂对蜱虫具有较好的杀灭效果，可选择喷涂、药浴或粉剂涂撒等方式进行治疗。梨形虫和泰勒虫是需要依赖硬蜱传播的，因此，在原虫病的防控工作中预防牛蜱虫病的发生具有重要意义。

同时，还应减少牛舍环境中蜱虫的数量，如清理杂草、栽培牧草，可采取喷药的方式消除环境中蜱虫，在喷药时要注意墙面、地面、料槽等缝隙可能存在蜱虫，应保证药物喷洒到位。

第二节　螨虫

一、病原

牛螨虫病的病原为牛疥螨，该虫可寄生于奶牛、肉牛、牦牛等牛科动物，健康牛只可通过与患螨虫病的牛接触染病。牛螨虫病具有一定的季节性，在每年的初春、秋末、冬季发病率较高，且在阴雨天气易发病。若环境潮湿、缺乏光照、通风不良，牛群密度较大，则螨虫病极易发生。牛疥螨对环境的抵抗能力不佳，高温、干燥、阳光照射等条件均可导致螨虫死亡。

二、临床症状

在感染牛疥螨初期，牛面、颈、背、尾等被毛较短的部位可出现脱毛、结节等症状，随后发展至全身。牛感染疥螨主要表现为剧痒，因此频繁在栏杆、墙面等位置剧蹭，导致患病部位结节破溃，流出液体，液体随后和污物、牛皮、牛毛等混在一起，干燥后形成痂皮。患病牛由于身体剧痒，烦躁不安，严重影响其正常休息和饮食，从而导致牛体重和产奶能力下降，同时更易继发其他疾病，严重时可导致牛死亡（图24～图27）。

三、防治措施

牛螨虫病可通过驱虫药进行治疗，使用乙酰氨基阿维菌素和伊维菌素内服给药或皮下注射，外用浇泼剂，但应注意休药期和禁用期。此外，也可使用溴氰菊酯进行药浴或淋浴。牛螨虫病主要通过加强饲养管理和定期驱虫来预防。应观察牛是否出现频繁蹭痒、脱毛等现象，发现后应及时隔离诊断，若确诊为疥螨感染则应及时治疗，同时同群牛也应进行驱虫。每年在天气回暖前应选择气温较为温和的时间对牛进行体外驱虫，可使用药浴或喷淋的方式。此外，还要加强饲养管理，保证牛舍有充足的阳光照射，温度和湿度适宜，且牛群密度适宜。

第三节 牛虱

一、病原

常见的牛虱为牛盲虱和牛毛虱。牛虱终生寄生在牛体上吸吮牛血或表皮营养。多因与病牛相互接触，同槽饲养，共同放牧或使役，以及通过垫草、护理用具、休息处感染，而致成本病。饲养管理不良，牛体久不刷拭，皮肤污秽不洁，牛舍潮湿、拥挤，垫草长期不换等条件有利于牛虱的生长繁殖，易于诱发本病。因虱寄生于皮毛间，在其吸血过程中，会刺激皮肤，引起皮肤发痒，病牛常摩擦皮肤，导致被毛脱落，皮肤发炎、失去弹性，极大地影响病牛休息和采食，而致其逐渐消瘦。常在牛头、颈、腹下和四肢内侧上部找到虱和虱卵。虱的发育很快，应当及时治疗，若拖延日久，大量繁殖，则可使牛体身瘦毛焦，幼犊发育不良。

二、临床症状

这一疾病主要发生于每年的夏末、秋初两个时间段，此段时间正是牛的换毛期，牛毛生长速度较快，也给牛虱提供了孕育的场所；一旦牛虱在牛体毛内大量繁殖，便会频繁吸取牛血，导致贫血、瘙痒难耐等问题。加之传染性高，如果有牛圈中有一头牛患病，很快便会传染给同圈中的其他牛。

三、防治措施

在疾病高发期要抓好对牛群的管理和监察，一旦发现相应的病症，便要及时挑选药剂喷洒于牛的表皮，以防牛虱的扩散。用于治疗本病的药物较多，如敌百虫、松焦油和硫黄等，将两种以上的药物配伍成合剂使用，效果更好。同时，还要注意严格掌控好药剂的用量，一般而言，药剂在消灭牛虱的同时也容易给牛皮肤带来一定的伤害，然而若是用量太少，也无法有效消灭牛虱。因此，用量必须严格按标准选取。

第四节　牛皮蝇

一、病原

牛皮蝇病是由皮蝇属的牛皮蝇和纹皮蝇的幼虫寄生于牛背部皮下引起的一种体外寄生虫病。皮蝇可寄生于牛、羊、马等动物，有时可感染人。牛皮蝇的幼虫可在牛体内移行造成组织损伤，第3期幼虫钻入牛背部导致局部组织增生和炎症。此外，幼虫虫体被挤碎后还可能造成过敏反应。患病牛身体消瘦、贫血、产奶量下降、牛皮穿孔，从而导致严重的经济损失。

本病的病原寄生虫有牛皮蝇蛆和纹皮蝇蛆两种。其成虫不致病，形似蜜蜂。成虫夏、秋出现，雌蝇在晴朗无风的天气在牛体被毛上产卵后，经4～7天孵出第1期幼虫，钻进皮肤经长时间移行和发育，最后到背部皮下。于次年的早春季节发育成第 3 期幼虫，从牛皮肤上形成的小孔钻出，落地后钻入松土内，3～4 天后成蛹，经 1～2 个月羽化成蝇。幼虫在牛体寄生 10～11 个月。幼虫的寄生可使患牛消瘦，犊牛发育受阻，母牛产乳量下降，皮革质低。

二、临床症状

皮蝇的成虫不会叮咬牛，但会在牛身边飞翔或在牛毛上产卵造成牛焦躁不安，严重影响牛的正常活动。牛皮蝇幼虫进入皮肤后造成牛痛痒，幼虫在牛体内迁移可造成组织损伤。3 期幼虫在牛背部皮肤寄生时可造成牛局部结缔组织增生和皮下蜂窝织炎等，继发感染后可形成瘘管，从而造成牛皮革损伤。皮蝇的幼虫还可分泌毒素造成牛贫血。皮蝇幼虫在局部死亡或机械性破碎后还可造成牛出现变态反应，出现荨麻疹、多组织肿胀、流涎等（图 28～图 29）。

三、防治措施

可使用乙酰氨基阿维菌素和伊维菌素进行口服、皮下注射或浇淋。但治疗时应注意治疗时机，在每年的 12 月至次年 3 月，由于幼虫在牛的脊椎或食管寄生，此时用药可导致牛出现严重的局部反应，因此不宜在该时间进行驱虫，而每年的 4—11 月均可进行驱虫。此外，还可使用机械法，用手将皮孔内的幼虫挤出，但应注意操作时避免挤破虫体。每年 5—7 月，每隔半个月向牛体喷洒 1 次 1％敌百虫溶液，防止皮蝇产卵。在幼虫侵入皮肤并形成结节时，可用 2％～5％敌百虫液涂擦患部，或皮下注射伊维菌素或阿维菌素。经常检查牛背，发现皮下有成熟的肿块时，用针刺死其内的幼虫，或用手挤出幼虫，随即踩死，伤口涂以碘酊，最后撒上碘仿，可使伤口尽快愈合。

CHAPTER 5 第五章
综合防治

寄生虫作为一种寄居动物，依附于宿主体表，在生长、发育、繁殖的过程中会对宿主产生巨大的影响，破坏牛体内的免疫功能，吸取牛自身的养分大量繁殖，对牛体内造成物理伤害，甚至可能导致人畜共患的疾病，危害到饲养员和其他健康的牛群。寄生虫大量吸取牛体营养，严重的甚至会导致牛的死亡（需要重视的是幼期的牛，其体质发育还不够完善，因此寄生虫病对于其影响更大，致死率也最高）。总之，寄生虫病是一类高发性的疾病，虽然大多数情况下不会直接致死，但是对于饲养员和牛的健康是极其不利的。

对于牛群寄生虫的整体防治工作要注意以下几个步骤：

（1）定期为牛舍进行清洁、通风、消毒等工作，维护牛的生活环境，这是防治寄生虫的重要途径。

（2）定期对牛进行健康检查，及早发现患病牛，在发病的初期及时进行干预和治疗。

（3）定期对牛群进行疫苗注射，利用药物驱虫等可以有效地进行寄生虫病的预防。

（4）定期对牛粪进行检查，及时发现疾病进行治疗，这个手段是检查牛群疾病的重要途径，能够更直观地发现病因，从而进行针对性的治疗。

（5）提高饲养员和管理员对于寄生虫病的认识，使之熟悉、明确寄生虫病的症状以及防治对策。这对于牛寄生虫病的控制、救治和提高养牛的经济效益可起到主导性的作用。

CHAPTER 6 第六章
标准化诊断与防治技术

第一节　牛泰勒虫病诊断技术

牛泰勒虫病病原检测及急性临床病理的诊断方法如下：

一、临床诊断

（一）典型临床症状

（1）稽留热，体温维持在 40～41.8℃。

（2）眼结膜充血肿胀，可视黏膜黄染。

（3）浅表淋巴结肿胀，质地坚硬，触诊敏感。

（4）贫血，尿色淡黄或深黄，但无血尿。

（二）典型病理变

（1）血液凝固不良；皮下有胶样浸润，呈黄色；黏膜和浆膜黄染，可见出血点。

（2）体表淋巴结不同程度肿大，切面呈灰黄色，髓质有出血点。

（3）皱胃黏膜肿胀、充血，有针头大至黄豆大的黄白色或暗红色结节，结节部糜烂或溃疡。

（三）流行特点

（1）多发于4—9月，流行于璃眼蜱和血蜱分布区域。

（2）患病动物体表可见蜱叮咬或有叮咬史。

（3）1~3岁牛多发。本地牛症状较轻，引进牛、纯种牛和改良牛常呈出现明显的临床症状。

（四）结果判定

牛只出现6.1和6.2的变化，并符合6.3的规定，可判为疑似牛泰勒虫病。

二、血涂片显微镜检查

（一）血涂片准备

用剪毛剪剪除牛耳尖毛，用针头刺破耳尖，挤取一滴耳尖静脉血于玻片上，用推片推成有末梢的薄血涂片，并迅速晾干。

（二）血涂片固定

加3滴甲醇于血涂片上固定，晾干后重复一次。

（三）血涂片染色

将姬姆萨染液工作液滴加到甲醇固定好的血涂片上，室温染色30分钟后，用自来水充分冲洗掉残留的染色颗粒，再用吹风机吹干或自然晾干后待检。

（四）显微镜检查

血涂片上滴加1滴香柏油，在1 000倍（10×100）光学显微镜下观察100个视野。

（五）结果判定

（1）阳性 红细胞内观察到泰勒虫典型虫体时，可确诊。

（2）疑似 红细胞内未见典型虫体，仅观察到少量点状或不规则形颗粒，判定为疑似感染。

（3）阴性 未出现阳性或疑似结果，判定为血涂片检测阴性。

三、环形泰勒虫和瑟氏泰勒虫PCR检测方法

采用多重PCR方法，从待检牛血液基因组中检测环形泰勒虫

COB 特异性基因片段和瑟氏泰勒虫转录间隔区（ITS）特异性基因片段。

（一）病原 DNA 制备

采集待检牛颈静脉抗凝血，用商品化的血液基因组 DNA 提取试剂盒提取虫体 DNA，提取步骤按照试剂盒说明书进行。提取好的虫体 DNA 立即进行 PCR 扩增或−20℃保存备用。

（二）PCR 反应操作方法

（1）反应体系　用环形泰勒虫引物（5'-CCGTTGGTTTGT-TCGTCTTT-3'/5'-GCCAATGGATTTGAACTTCC-3'）和瑟氏泰勒虫引物（5'-CAACCCAGCTGCTTTTGAGG-3'/5'-CAACAGAATCGCAAAGCGGT-3'）组合配制 PCR 反应体系，反应体系为 25 微升。

（2）PCR 反应条件　反应体系混匀后，置于 PCR 仪内进行扩增。扩增程序为：95℃预变性 5 分钟；94℃变性 1 分钟，61.5℃退火 50 秒，68℃延伸 1 分钟，共 35 个循环；68℃延伸 10 分钟。

（3）PCR 产物琼脂糖凝胶电泳及成像　用 1×TAE 缓冲溶液配制 1.5% 琼脂糖凝胶，取 PCR 产物 10 微升在 1.5% 琼脂糖凝胶中电泳，凝胶成像分析系统观察结果并拍照。

（4）质控标准　环形泰勒虫阳性对照出现 393 碱基对、瑟氏泰勒虫阳性对照出现 818 碱基对的特异性条带，阴性对照无扩增条带时，判为实验有效。

（三）结果判定

（1）阳性　与 DNA 梯带比对，当样品出现大小为 393 碱基对的扩增片段时，判定为环形泰勒虫核酸阳性；当样品扩增片段大小为 818 碱基对时，判定为瑟氏泰勒虫核酸阳性。

（2）阴性　样品无特异性的阳性扩增条带出现，判定为环形泰勒虫和瑟氏泰勒虫核酸阴性。

四、综合判定

（1）阳性　同时出现典型临床症状和病理变化，符合该病流行特点，同时出现血涂片镜检阳性结果或 PCR 检测阳性结果，判定为泰勒虫病阳性。

（2）隐性感染　未出现典型临床症状和病理变化，不符合该病流行特点，但出现血涂片镜检阳性结果或 PCR 检测阳性结果时，判定为泰勒虫隐性感染。

（3）阴性　未出现典型临床症状和病理变化，不符合该病流行特点，同时出现血涂片镜检阴性结果和 PCR 检测阴性结果时，判定为牛泰勒虫病阴性。

第二节　羊体外寄生虫药浴技术

在流行病学调查研究的基础上，以本地区绵羊和山羊的主要寄生虫为对象，选择高效、广谱、安全、低残留、低污染药物，进行定期、高密度、大面积防治；整群全浴，不漏浴分散羊；在寄生虫病流行特别严重时，可紧急药浴。

一、方法

药浴方法主要有池浴和喷淋式药浴（淋浴）。

（一）人员

药浴人员必须经过兽医专业技术培训；药浴时，应佩戴口罩和橡胶手套，严格执行操作规程，做好人畜防护安全工作。

（二）设施、设备

规模化养殖场应设置专门的药浴池或药淋间。羊药浴池的长宽高为（3～10）米×（0.6～0.8）米×（1～1.5）米。药液在能淹没羊体的同时，要求药液面以上的池沿必须保持足够的高度。药浴池要防渗漏，并建在地势较低处，远离居民生活区和人畜饮用水水源。羊药浴池底应有坡度，以便排水；入口端为陡坡，设待浴栏；出口端为台阶，设滴流台。

小型养殖场或散养羊用小型药浴槽、浴桶、浴缸、帆布药浴池、移动式药浴设备等均可。药淋设备通常由喷淋器、药液泵、待浴栏、滤液栏和淋浴间（栏）设备等组成。

（三）药物选择

药物的使用必须符合《中华人民共和国兽药典》《兽药质量标准》《中华人民共和国兽药规范》等的相关规定。所用兽药必须来自具有兽药生产许可证和产品批准文号的生产企业，或者有进口兽药许可证的供应商。所用兽药的标签应符合《兽药管理条例》的规定，严禁使用未经农业农村部批准或已经淘汰的兽药。

严格执行药物的休药期或停奶期。未规定休药期的药物，休药期应不少于28天。针对不同抗寄生虫药物的特点，采取轮换用药、穿梭用药或联合用药措施，以确保驱虫效果和寄生虫不产生耐药性。

（四）投放药剂

药浴液浓度计算要准确，用倍比稀释法重复多次。药浴液应充分溶解或混悬，搅拌均匀，当天配制当天使用。药浴过程中应注意及时补充药液，保持药液的有效浓度。

（五）药浴（淋）时间

药浴（淋）时间可根据当地具体情况确定，转场前或绵羊剪毛、山羊抓绒后7~15天进行。在疥癣等外寄生虫病高发地区，一年可进行两次药浴（淋）。

药浴（淋）应选择在晴朗暖和无风天气的上午或中午进行，阴雨、大风、气温低时，不能药浴。

（六）药浴（淋）前的准备

药浴要做到有的放矢，事前应做好流行病学调查，对当地需进行药浴的羊螨病病原及其他外寄生虫感染情况做到心中有数，以保证药浴工作的顺利实施。

药浴（淋）前，应首先选择少量不同年龄、性别、品种、体质和病情的动物进行安全性试验。确认无误后再大批药浴，尤其对第一次使用的药物或不熟悉其质量的药物更需加以注意。

药浴（淋）前8小时要停止放牧和饲喂，浴前2小时让羊充分饮水。

药浴（淋）前应做好羊中毒解救的准备工作。

（七）药浴（淋）

（1）药浴液最好保持在 36～37℃，至少不能低于 30℃。

（2）药浴（淋）的顺序是先让眼观无症状的羊只药浴（淋），外寄生虫病症状明显的后药浴（淋）。老、弱、幼羊应分群药浴。

（3）药浴液的深度以淹没羊体为原则。当羊通过药浴池时，要将其头压入药液内两三次。

（4）药淋时将羊群从待浴栏赶入淋浴间（栏），对羊全身喷淋药液至羊毛完全湿透后，将羊群赶入滤液栏进行滤液。

（5）预防性药浴浸浴时间为 1 分钟，治疗性药浴浸浴时间须达 2～3 分钟。

（6）离开药浴池或淋浴间的羊只应在滴流台或滤液栏停留 20 分钟，待身上药液滴流入池后，再将其收容在凉棚或宽敞的厩舍内，免受日光照射。药浴后要注意保暖，防止羊只感冒。

（7）妊娠两个月以上的母羊不宜进行药浴（淋）。有外伤的羊暂不药浴（淋）。

（8）同一区域的羊最好集中时间进行药浴，避免遗漏。

（9）药浴后，应细心观察 6～8 小时后方可饲喂或放牧。如发现口吐白沫、精神沉郁、兴奋或惊厥等中毒症状，要立即进行抢救。工作人员也要注意自身的安全防护。

（10）最好经七八天再进行第二次药浴，药浴效果会更好。

（11）药浴后的剩余药液泼洒到羊舍内。外排的要有专门的排放通道和排放地，做好环境保护。

二、效果评价

在药浴前后分别进行寄生虫检测，评价药浴的效果。

三、寄生虫检测

（一）流行病学调查

对当地寄生虫病进行流行病学调查，主要调查当地寄生虫病发生现状、发展趋势及风险分析等。根据流行病学调查结果，提出寄生虫防控措施。

（二）实验室检查

（1）螨病的检查　刮取病羊患病皮肤与健康皮肤交界处的体表皮屑，置显微镜下检查螨虫。

（2）解剖检查　按家畜寄生虫学中寄生虫完全剖检法进行。适用于节肢动物寄生虫病（包括羊鼻蝇蛆病、螨病、蜱病、虱病、蝇病、蚤病）病原体的检查。

（三）监测

1. 监测抽样比例

（1）羊单群监测　抽样数不少于 30 只，200 只以上抽样 15%；羔羊、周岁羊、成年羊之间的抽样比例为 2∶4∶4。

（2）大范围监测

以饲养场或县乡为单位，抽样面为总群数的 10%～15%，按年龄比例抽样，总抽样数不少于 200～300 只。

2. 监测时间与方式

（1）螨病监测　每年春、秋高发季节进行；结合临床症状进行虫体检查。

（2）羊狂蝇蛆病监测　冬宰期间，根据临床症状，剖解羊头部检查蝇蛆。

（3）其他外寄生虫病的监测　根据外寄生虫的活动季节和规律，检查羊体表虫体。

3. 监测计算

（1）药浴密度　计算公式为：

$$M = Q_1 / Y_1 \times 100\%$$

式中，M 为药浴密度，%；Q_1 为药浴羊数，只；Y_1 为羊总数，只。

（2）寄生虫平均感染率　计算公式为：

$$G = Y_2 / Y_3 \times 100\%$$

式中，G 为寄生虫平均感染率，%；Y_2 为寄生虫感染羊数，只；Y_3 为抽检羊数，只。

（3）驱虫率　计算公式为：
$$D = (S_0 - S_1) / S_0 \times 100\%$$

式中，D 为驱虫率，％；S_0 为空白对照组荷虫数，只；S_1 为驱虫组荷虫数，只。

（4）驱净率　计算公式为：
$$Q = Y_4 / Y_1 \times 100\%$$

式中，Q 为驱净率，％；Y_4 为虫体转阴羊数，只；Y_1 为试验羊总数，只。

四、记录

做好防治记录，内容包括防治数量、用药品种、使用剂量、环境与粪便无害化处理情况、放牧管理措施、补饲、发病率、病死率及死亡原因、诊治情况等，建立发病及防治档案。逐年记录，监测、掌握虫情动态。

寄生虫病诊断控制相关专利

名称	发明人	申请年份	摘要
细粒棘球蚴及加拿大棘球蚴二联亚单位疫苗及其制备方法	聂东升，张震，仲从浩，等	2021	本发明公开了一种细粒棘球蚴及加拿大棘球蚴二联亚单位疫苗及其制备方法；该二联亚单位疫苗包含免疫原 dEG95/dEC95 抗原蛋白和药学上可以接受的载体。目前尚无同时抗细粒棘球蚴感染和加拿大棘球蚴感染的疫苗，本发明采用 dEG95/dEC95 异源二聚体蛋白作为抗原，制备的抗细粒棘球蚴及加拿大棘球蚴二联亚单位疫苗生产成本低，生产工艺简单；可以同时预防细粒棘球蚴及加拿大棘球蚴的感染，具有安全、高效、成本低、抗原纯度高等诸多优点

（续）

名称	发明人	申请年份	摘要
一种棘球蚴抗体免疫层析检测卡	张颐，莫筱瑾，胡薇，等	2021	本实用新型公开了一种棘球蚴抗体免疫层析检测卡，包括壳体和试纸条；壳体上依次设置有：登记记录区、观察窗口、加样孔；试纸条包括硝酸纤维素膜；硝酸纤维素膜上设置有检测线组和质控线；检测线组包括分别包被不同重组棘球蚴抗原的 T1 检测线、T2 检测线和 T3 检测线。本实用新型结构简单合理，便于记录样本信息、检测日期和检测结果，便于观察和上样，便于独立包装和长期保存
一种诊断泡型棘球蚴病的 ELISA 方法	韩秀敏，蔡其刚	2020	本发明提供了一种诊断泡型棘球蚴病的 ELISA 方法，本方法是以串联蛋 EmAgB3GGGSEm18 为抗原设计的，对泡型棘球蚴病具有良好的敏感性和特异性，检测准确率高，具有广阔的应用前景
羊梨形虫检测与鉴别的方法与试剂盒	关贵全，王锦明，刘军龙，等	2017	本发明公开一种用于非疾病诊断的检测与鉴别羊梨形虫及其种类的方法与试剂盒。本发明的检测与鉴别方法是：提取待检测羊的血液基因组 DNA 得到待测样本，在反应体系内加入饱和染料再用引物对重组质粒和待测样本进行 PCR 扩增，再进行高分辨率熔解曲线分析，根据有无扩增产物确定待测样品有无感染羊梨形虫，根据扩增产物熔解曲线与重组质粒的熔解曲线重合情况确定所感染的羊梨形虫的种类。本发明的方法可检测国内现存所有的病原，检测结果良好，而且可同时进行 5 种梨形虫病原的鉴别检测，适合在动物体内快速检测梨形虫

（续）

名称	发明人	申请年份	摘要
一种梨形虫血涂片复合染液及血涂片的染色方法	海尼木古力·艾合买提，张杨，巴音查汗·盖力克，等	2017	本发明属于生物技术领域，具体涉及一种梨形虫血涂片复合染液包括复合染液Ⅰ和复合染液Ⅱ；所述的复合染液Ⅰ是由瑞士粉2克、姬姆萨色素1.7克、甘油50毫升及甲醇1升组成，复合染液Ⅱ是由无水磷酸二氢钠2.3克、无水磷酸二氢钾0.3克及1升的蒸馏水组成。染色方法包括下述步骤：一、血涂片的制备；二、血涂片二次处理；三、复合染液中进行染色。本发明的复合染料和染色方法在不需借助高端的仪器设备的情况下对梨形虫染色效果较好，经济实用，所需时间较短，无杂质干扰观察虫体，效果极为突出
一种治疗羊梨形虫病的中药药方的制备方法	边林	2012	本发明公开了一种羊梨形虫病的中药药方的制备方法，其特征在于该方各种成分含量如下：苍术5克、木香8克、党参2克、莲子心3克、葛根2～5克、黑丑2克、附子4～10克、穿心莲5克。治疗方法：水煎灌服，一日一剂。根据病情疗效情况，适当调整下一个疗程的组方剂量配比，以达到最佳疗效
一种治疗片形吸虫病的药物的制备方法	许勇，范昭泽，陈龙，等	2019	本发明提供一种Triclabendazole的制备方法。相对于现有合成路线的反应步骤多和复杂，本发明所述的制备方法，其反应步数少，分离简便，提高了反应的总收率和操作性

（续）

名称	发明人	申请年份	摘要
用于片形吸虫病诊断的 ELISA 检测试剂盒及其应用	黄思扬，龚静芝，潘明，等	2019	本发明公开了一种CL7重组蛋白，公开了CL7重组蛋白的核酸或基因，还公开了表达盒、重组载体或重组菌株，其含有所述的核酸或基因。本发明公开了用于片形吸虫诊断的 ELISA 试剂盒，该试剂盒酶标检测抗体通过 HRP 标记的抗体来进一步发挥信号放大效果增加反应的灵敏度，同时降低检测抗体的用量和成本；不受其他血清的干扰，交叉反应小，敏感性和特异性均高于现有的粗抗原和其他重组抗原，完全适合于片形吸虫病的现场筛查
防治牛羊片形吸虫病的饲料组合物	程小龙	2011	本发明公开了一种防治牛羊片形吸虫病的饲料组合物，是由下述比例的原料配制而成：天名精1～2份、卷柏1～2份、玉米40～44份、秸秆56～60份。本发明饲料组合物可显著降低牛羊片形吸虫病的发病率，杜绝了因吸虫病造成牛羊的死亡。用本发明饲料组合物饲喂牛羊，没有因吸虫病给牛羊使用西药，减少了西药的使用量、提高了人们食用牛羊肉产品的安全性

图书在版编目（CIP）数据

牛常见寄生虫病诊断和控制／孙艳主编. -- 北京：
中国农业出版社，2024.10. -- ISBN 978-7-109-29975
-7

Ⅰ．S858.23

中国国家版本馆 CIP 数据核字第 2024PE6320 号

牛常见寄生虫病诊断和控制
NIU CHANGJIAN JISHENGCHONGBING ZHENDUAN HE KONGZHI

中国农业出版社

地址：北京市朝阳区麦子店街 18 号楼
邮编：100125
责任编辑：肖　邦
版式设计：王　晨　　责任校对：吴丽婷
印刷：中农印务有限公司
版次：2024 年 10 月第 1 版
印次：2024 年 10 月北京第 1 次印刷
发行：新华书店北京发行所
开本：880mm×1230mm　1/32
印张：1.5　　插页：4
字数：49 千字
定价：25.00 元

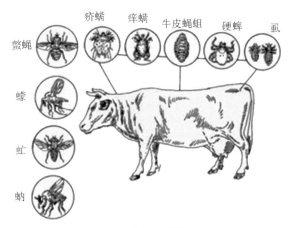

图 1 牛体外常见寄生虫

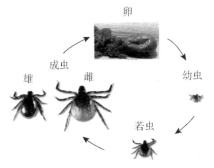

图 2 蜱虫的生长发育

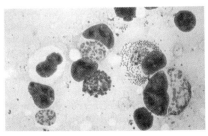

图 3 红细胞中的泰勒虫

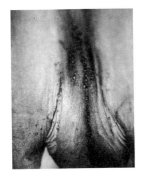

图 4 放牧牛后肢内侧及腹部有蜱寄生

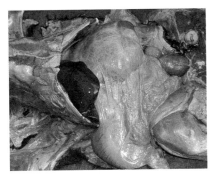

图 5 全身各器官明显黄染

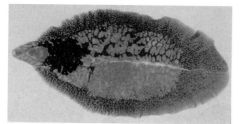

图 6 片形吸虫成虫

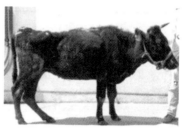

图 7 病牛明显消瘦，被毛粗乱

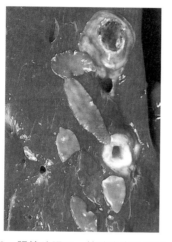

图 8 胆管壁肥厚，管腔中有片形吸虫

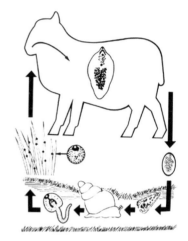

图 9 片形吸虫生活史

图 10 绦虫生活史

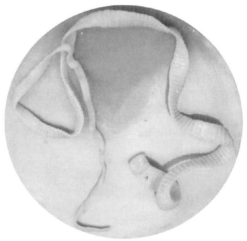

图 11 扩展莫尼茨绦虫

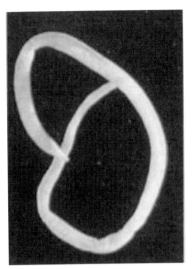

图 12　牛弓首蛔虫

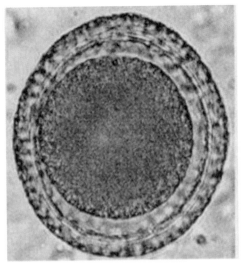

图 13　牛弓首蛔虫卵

图 14　检出牛蛔虫的感染犊牛，消瘦、发育不良

图 15 病牛咳嗽、呼吸困难和消瘦

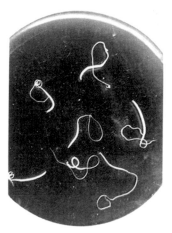

图 16 牛消化道线虫

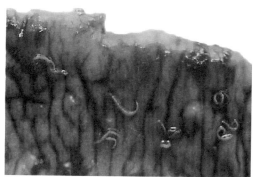

图 17 牛胃肠道线虫

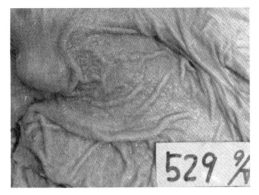

图 18　皱胃充血、糜烂和轻度溃疡

图 19　瓣胃与皱胃中有红色的捻转胃虫

图 20　蜱虫的各虫态

图 21　蜱虫叮咬吸血

图 22　成蜱产卵

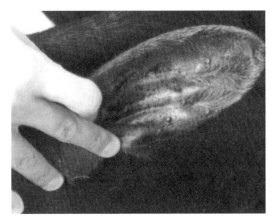

图 23　病牛耳郭内有吸血蜱寄生

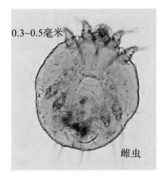

0.3~0.5毫米

雌虫

图 24　疥螨雌虫

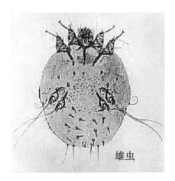

雄虫

图 25　疥螨雄虫

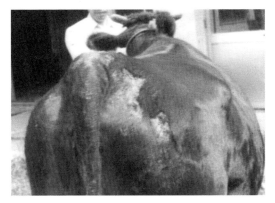

图 26　尾根部、臀部脱毛，有鳞屑和结痂

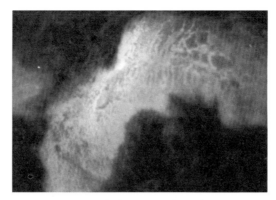

图 27　皮肤增厚、干燥和皲裂

图 28　成虫的后部排出大量虫卵

图 29　从皮肤结节中爬出的幼虫